「もしも？」の図鑑

絶滅危惧種
救出裁判ファイル

Save the endangered species!

著 ◆ 大渕希郷

実業之日本社

⚖ もくじ ⚖

この本の使い方 …………………………………… 4

絶滅危惧種とは …………………………………… 6

すでに絶滅してしまった動物たち ……………… 8

世界の絶滅危惧種マップ ……………………… 10

もしもゾウがいなくなったら? ① …………… 12

もしもゾウがいなくなったら? ② …………… 14

もしもオオカミがいなくなったら? ① ……… 16

もしもオオカミがいなくなったら? ② ……… 18

プロローグ　動物からの訴え ………… 20

第1章　棲息地をめぐる裁判

判例A　原告 ボルネオオランウータン ………… 26

判例B　原告 オサガメ ………………………… 30

判例C　原告 ヨウスコウカワイルカ ………… 34

類似ケース　棲息地を追われた絶滅危惧種 …… 38

コラム　人間が生み出した環境への適応 ……… 42

第2章　外来種をめぐる裁判

判例A　原告 グアムクイナ …………………… 44

判例B　原告 ディンゴ ………………………… 48

判例C　原告　コブクビスッポン ……………………………………52

類似ケース　外来種にまつわる絶滅危惧種 …………………56

コラム　目に見えない外来種 …………………………………60

第3章　乱獲・害獣駆除をめぐる裁判

判例A　原告　トラ ………………………………………………62

判例B　原告　キタシロサイ ……………………………………66

判例C　原告　キングコブラ ……………………………………70

類似ケース　乱獲や害獣駆除による絶滅危惧種 …………74

コラム　害獣がいなくなるとどうなる? ………………………78

第4章　故郷と自立をめぐる裁判

判例A　原告　メキシコサンショウウオ ………………………80

判例B　原告　フタコブラクダ …………………………………84

判例C　原告　ゴールデンハムスター …………………………88

類似ケース　野生絶滅と保全により回復した絶滅危惧種 …92

コラム　勝手すぎる?　野生を家畜に、家畜を野生に。………96

エピローグ

今日の晩ごはん …………………………………………………98

どうして野生動物を守らないといけないの? ………………102

私たちにできること ……………………………………………104

絶滅危惧種にまつわる用語集 ………………………………106

動物名さくいん …………………………………………………108

あとがき …………………………………………………………111

この本の使い方

この本では、絶滅の危機に瀕している動物たちを原告、人間を被告にした裁判を紹介しています。絶滅危惧種に現在どのような問題が起こっているのかが分かります。

1. 原告のプロフィール
裁判を起こす原告の動物の基本データを紹介

2. 原告の証言
原告の動物が、人間から被った被害の状況を供述

3. 被告の弁明
被告の人間が、絶滅危機に追いつめてしまった原因を供述

4. 判決・保護の取り組みなど
裁判の判決と、現在行っている取り組みなどを紹介

◀絶滅の危険度の表し方▶

CR ★☆☆☆ — IUCN（→ p.6）で定められたレッドリストのカテゴリを表示。

絶滅の危険度を星で表し、星が多くつくほど絶滅の危険度が高く、全部つくと絶滅を示す。

EX 絶滅 ★★★★★★ すでに絶滅したと考えられるもの。

EW 野生絶滅 ★★★★★☆ 人間の飼育下、またはもとの棲息地以外でのみ生存しているもの。

CR 絶滅危惧ⅠA類 ★★★★★☆☆ ごく近い将来、野生絶滅の可能性がとても高いもの。

EN 絶滅危惧ⅠB類 ★★★★☆☆ ⅠA類ほどではないが、近い将来、野生絶滅の危険性が高いもの。

VU 絶滅危惧Ⅱ類 ★★★☆☆☆ 絶滅の危険性が増大しており、現在の状況が続けば、近い将来「絶滅危惧Ⅰ類」に移行することが確実と考えられるもの。

NT 準絶滅危惧 ★★☆☆☆☆ すぐに絶滅する可能性は小さいが、将来的に絶滅する危険性があるもの。

LC 軽度懸念 ★☆☆☆☆☆ 上記のいずれにも当てはまらないもので、近い将来絶滅する見込みが低いもの。

絶滅危惧種

動物の体の大きさの表し方

動物の体の大きさ※は、それぞれ以下の部分を測定した、一般的な大きさです。

ほ乳類 — 体長／身長／全長

は虫類 — 全長／甲長

鳥類 — 全長

昆虫 — 体長

両生類 — 体長／全長

魚類 — 全長

※基本的に全長は頭の先端から尾の先端まで、体長は全長から尾の長さを引いた大きさを表す。

絶滅危惧種とは

絶滅とは、地球上から生物の種（→ p.106）がいなくなってしまうこと。そして現在、絶滅が心配されている生物のことを、絶滅危惧種といいます。ここでは、絶滅危惧種にまつわる基本的な情報を紹介します。

IUCN レッドリスト

国際的な自然保護を目的とする団体、IUCN（国際自然保護連合）では、絶滅しそうな動物を調査してまとめた「レッドリスト」をつくり、保護をよびかけています。レッドリストはおもに7つのカテゴリ（→ p.5）に分けられており、その中でもCR、EN、VUにあたる種を、「絶滅危惧種」とよんでいます。本書でも、IUCNのカテゴリに基づいて、絶滅危惧種の動物を取り上げています。

日本版レッドリスト

「日本の絶滅のおそれのある野生生物」を、環境省が取りまとめたリスト。IUCNのレッドリストとほぼ同じカテゴリからなっています。本書で取り上げる絶滅危惧種で、日本版レッドリストのカテゴリに当てはまるものは、青色で表記しています。

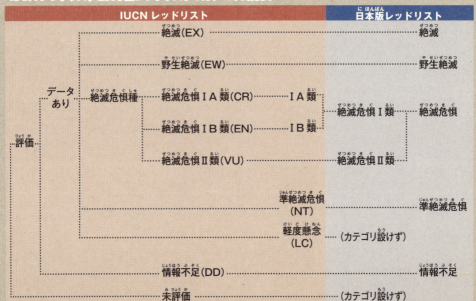

IUCNレッドリストと日本版レッドリストのカテゴリ対応表

絶滅危惧種はどのくらいいる？

絶滅危惧種は、世界にどのくらいいるのでしょうか？ IUCNの調べでは、絶滅危惧種（植物・昆虫などもふくむ）は、全部で22,000種以上もいます。この他にも、情報不足・未評価の種や、まだ発見されていない生物もたくさんいます。今後調査が進めば、絶滅危惧種の数はさらに増える可能性があります。

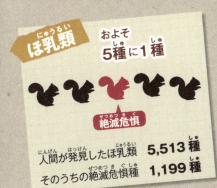

絶滅危惧種は、脊椎動物（背骨を持つ動物）だけでもこんなにいるんだね……。

※数字はすべて2014年度版 IUCN レッドリストより

すでに絶滅してしまった動物たち

　地球の歴史上、過去5回の大量絶滅がありました。大量絶滅とは短い期間の間に、たくさんの種類の生物が絶滅してしまうことです。その原因の多くが、地球環境の変化や生物同士の生存競争（→p.107）によるものでした。しかし現在、人間の手によって、6回目の大量絶滅が非常に速いスピードで進行しています。ここでは、人間によって絶滅させられた動物たちを紹介します。

人間が原因で、一説では1年間に約4万種の生物が絶滅しているんだって。このままだと、地球から生物がいなくなってしまうかもしれないね。

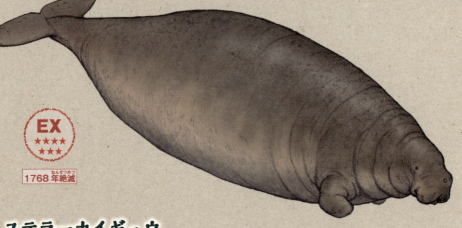

EX ★★★★★★★
1768年絶滅

ステラーカイギュウ
Hydrodamalis gigas

分　類	ほ乳綱 海牛目（ジュゴン目）ジュゴン科
体　長	約9m
棲息地	北太平洋（特にベーリング海）
食べ物	海藻

　巨大なカイギュウ類だが、警戒心もうすく、動きもにぶい。肉・皮・脂肪・ミルクなどが人間の役に立ったために乱獲（→p.107）された。さらには傷ついたなかまがいると他のなかまが守ろうと集まるため、一度にたくさんのステラーカイギュウが殺され、発見からわずか27年で絶滅してしまった。

リョコウバト
Ectopistes migratorius

分類：鳥綱 ハト目 ハト科
全長：約40cm
棲息地：中央アメリカ～北アメリカ
食べ物：木の実、種子など

鳥類史上、最も数多く棲息していた鳥ではないかとされ、およそ50億羽いたと考えられている。しかし、1800年代に開発によって森林が減ると、農作物を荒らすようになり、害鳥（→ p.106）として駆除された。1914年、アメリカの動物園で飼育されていた最後の1羽が死に、絶滅した。

カモノハシガエル
Rheobatrachus silus

分類：両生綱 無尾目 カメガエル科
体長：約3～5cm
棲息地：オーストラリア（クイーンズランド州南東部）
食べ物：昆虫など

別名イブクロコモリガエル。その名のとおり、メスが卵をのみ込み、自分の胃袋の中で子どもを育てる。絶滅原因は、人間が持ち込んだカエルツボカビ症（→ p.60）の可能性が高い。1981年以降、野生では見つかっておらず、飼われていた最後の1匹は1983年に死亡した。

ニホンカワウソ
Lutra Nippon

分類：ほ乳綱 食肉目（ネコ目）イタチ科
体長：約80cm
棲息地：北海道、本州、四国、九州とその周辺の島々
食べ物：魚類、甲殻類など

食いしん坊で、1日に1kg前後のエサを食べる。かつては、日本中に広く棲息していたが、1979年以降、目撃記録がない。開発などで棲息地の河川の水が汚れ、その数を減らすことになった。また、人間による毛皮目的の乱獲も、絶滅原因のひとつである。

世界の絶滅危惧種マップ

絶滅危惧種はどこに棲んでいるのでしょうか？ この本の中に登場する、絶滅の危機に瀕した動物たちの棲息地を紹介します。※

※複数の棲息地域がある動物は、代表的な地域をひとつ選んで掲載しています。

もしもゾウが いなくなったら？ ①

アジアゾウやアフリカゾウに、マルミミゾウ。ゾウのなかまはみんな絶滅の危機に瀕しています。もしも彼らがいなくなってしまったら、世界はどうなるのでしょうか？

森が広がらなくなる

植物の種をまいてくれていたゾウがいなくなると、森はなかなか広がらなくなってしまうかもしれない。

森が衰退する？

　ゾウは1日に150kg以上の植物を食べます。そして、それだけの量の植物を求めて、とても長い距離を食べ歩くのです。食べた植物の中には、植物の種もたくさん混じっています。ゾウは移動しながら、うんちもします。つまり、植物はゾウに食べてもらうことで、広い範囲に種をまいてもらうことができるのです。もしも、ゾウがいなくなれば、森が広がらずなくなってしまうかもしれません。

木を植える必要性
ゾウがいなくなると、森を広げたり、伐採した場所を回復させたりするには、いままで以上に人間が自身の手でやらないといけないかもしれない。

もしもゾウが いなくなったら？ ②

ゾウがいなくなると、自然界だけではなく、人間の文化や芸術にも影響を及ぼしてしまうようです。一体、どのようなことが起こるのでしょうか？

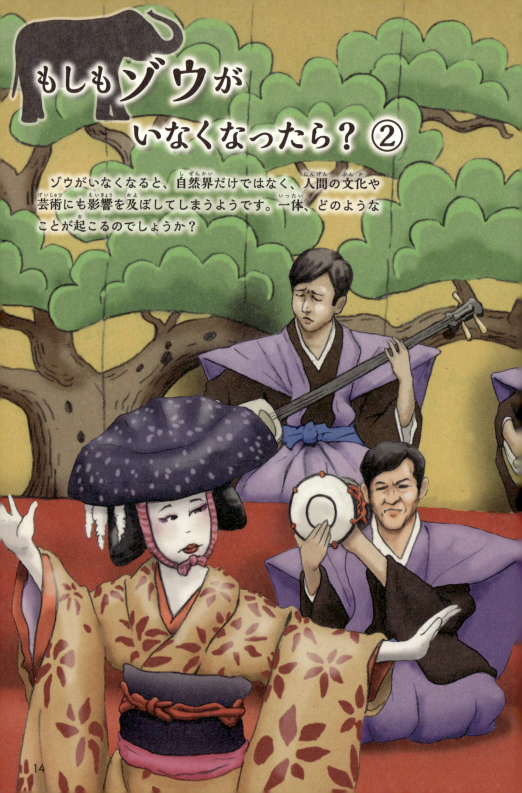

日本の伝統芸能が衰退する？

　ゾウが絶滅しそうな原因のひとつは、人間による象牙目的の乱獲です。象牙は、これまで世界中で需要がありましたが、いまは厳しく取引が制限されています。しかしながら、象牙からは印鑑や工芸品がつくられており、日本では三味線のバチとして需要があります。象牙からつくられたバチは、保湿性や弾力などに優れており、伝統芸能の世界では重宝されています。ゾウ保護も伝統芸能保護も重要で難しい問題ですが、日本の最先端科学技術を使って、象牙に近いバチをつくる試みも始まっています。

象牙のバチ以外ではうまく演奏できない三味線奏者
象牙でつくられたバチは、三味線音楽において最も優れた素材だといわれている。象牙がなくなると、歌舞伎をはじめ日本の伝統芸能は衰退してしまうかもしれない。

もしもオオカミが いなくなったら？①

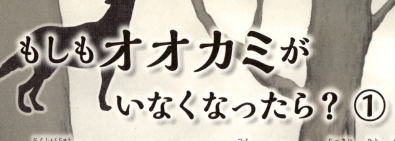

肉食獣としておそろしいイメージが強いオオカミ。実際に人に害を与える動物として駆除されてしまった地域もあります。もしも彼らがいなくなってしまったら、世界はどうなってしまうのでしょうか？

激増する草食動物
天敵のオオカミがいなくなると、草食動物が増え続け、森をうめつくしてしまう。

森がシカだらけになる？

　ゾウがいなくなると、森が広がらずになくなるかもしれない話をしました（→ p.12）。オオカミの場合は、いなくなるとシカなどの草食動物が増えすぎて植物を食べつくしてしまうおそれがあります。実際に、アメリカのいくつかのオオカミ絶滅地域では、生態系のバランスがくずれてしまいました。そこへオオカミを再導入したことで、シカなどの増えすぎがおさえられた成功例があります。しかし、再導入したオオカミが家畜や人間を襲わないかなど、十分な調査と安全確保が必要です。

食べつくされた植物
オオカミがいなくなると、草食動物が植物を食べつくしてしまう。それにより、森では深刻なエサ不足が起こる。

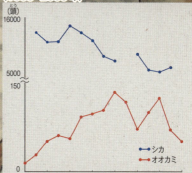

オオカミとシカの頭数の推移（1995〜2009年）

※アメリカ・イエローストーン国立公園の調査
オオカミ導入後、オオカミは徐々に増え、シカが適切な数へと減ってきている。
※グラフが途切れているところは未調査

もしもオオカミが いなくなったら？②

オオカミがいなくなると、草食動物が増えすぎて、エサ不足になります。そのエサ不足は、私たちの暮らしにも大きな影響を与えます。それは一体どんなことでしょうか？

人間やペットを襲うイノシシ
イノシシは家や道路のゴミを荒らすだけでなく、人にかみ付いたりペットを襲ったりすることもある。

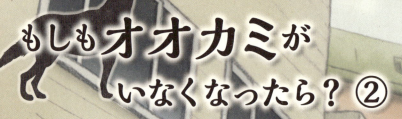

私たちの町に野生生物が現れる？

　草食動物はエサ不足になると、エサと新たなすみかを求めて森や山から人里へと降りてきます。実際に、日本ではニホンオオカミが絶滅したことで、ニホンザル・ニホンジカ・イノシシなど増えすぎた野生動物が、ときに都会にまで現れるようになってしまいました。そうして、イノシシなどに飼い犬が殺されたこともあります。また、野生動物が人間や家畜に病気をもたらす可能性もあります。自然の生態系が壊されるということは、人間の世界にまで悪影響が出るということなのです。
　オオカミ絶滅によって草食動物が増えすぎ、さらに日本のように人里と自然が近いなどさまざまな要因が重なると、イラストのようなことが起こるかもしれません。

食べ物をねらうサル
エサ不足のサルが人間の食べ物をうばおうとしたり、人に慣れて好き放題したりするなどのトラブルが起こるかもしれない。

第1章 棲息地をめぐる裁判

森林伐採や開発、環境汚染などによりすみかを追われた動物たち──
人間が人間の都合だけでつくり出した環境の犠牲になった動物たちの、悲痛な訴え。

棲む場所がなくなったらどんな問題が起こるのか見てみよう。

判例 A

原告
ボルネオオランウータン
Pongo pygmaeus

マレー語で「森の人」とよばれるオランウータン。私たち人間と同じヒト科に分類され、知能も高い彼らの訴えとは？

EN ★★★★☆☆☆

分 類	ほ乳綱 霊長目(サル目) ヒト科
身 長	約137cm(♂)、115cm(♀)
棲息地	ボルネオ島
食べ物	果実を中心に、新芽や樹皮、昆虫

果実を食べ、その種子を糞と共にまくことから、森をつくる役割も担っている。かつては東南アジアに広く分布していたが、現在はボルネオ島の熱帯雨林にのみ棲息する。近縁種(→ p.106)のスマトラ島に棲むスマトラオランウータンは、さらに数が少なく、CR(絶滅寸前)指定である。

切り拓かれた森
逃げまどうオランウータン

原告の証言

ぼくらはすみかである森をうばわれています。人間は、森を切り拓くどころか、森に火をつけたりするので、それがときに大きな森林火災をひき起こしてしまうのです。そのうえ、ぼくのなかまは人間に誘拐されたり、殺されたりもしています。

第1章 棲息地をめぐる裁判

被告の弁明

俺たちは森の木を切って木材にしたり、森を焼き払ってアブラヤシの農園をつくったりしている。それは人間が暮らしていくために必要なことなんだ。誘拐したのは、ペットとして売る目的で、生活費や食料を得るためにやった。

アブラヤシのプランテーション

木材を切り出す目的や、アブラヤシの農園（プランテーション）をつくるために多くの森が伐採されている。アブラヤシからとれるパーム油は、私たちの身近な生活用品や食品に使用されるのだ。また、伐採により森の風通しがよくなり、森全体が乾燥したことが、大きな森林火災を招いているのではないかともいわれている。

誘拐されるオランウータンの子ども

オランウータンは成長すると体が大きくなり、腕力も強くなるため、ペットとして愛くるしい子どもがねらわれる。その際、じゃまな母親は殺されてしまう。違法であるにも関わらず、ペットにするためのオランウータンの密猟はあとを絶たない。

判決 被告（人間）の有罪！

密猟については、言語道断、有罪じゃ！しかし、森林伐採については完全にやめることは難しい。特にヤシの木からとれるパーム油からは、食品や洗剤、化粧品などの日用品がつくられ、世界中に供給されている。もはや人間の生活には欠かせない存在じゃ。だからといって森をなくせば、森から受けていたさまざまな恵みも受けられなくなる。森やオランウータンとの新しいつきあい方を考えなさい。

森を守る取り組み

WWF（→p.112）では、森林を無秩序に破壊するのではなく、森を守りながら使い続けることができるよう、適切に管理された森林で生産された林産物の利用を推進している。国際的な森林認証制度、FSCは、①環境に配慮している②社会の利益にかなう③経済的に持続できる、という3つの観点で適切に管理されている森林であることや、そのような森林から生産された材料でつくられた製品であることを証明するものである。FSCマークのついた商品を選ぶことで、誰でも森の保護に協力できる。

パーム油についても、環境にも社会にも配慮して生産されたパーム油を利用するため、RSPOという認証制度の普及を進めている。

▲ FSCマーク（上）とRSPOマーク（下）

判例 B 原告
オサガメ
Dermochelys coriacea

世界最大の大きさを誇るカメ、オサガメ。
普段は沖合で暮らす彼らと人間との間に
何があったのだろうか？

VU ★★★☆ ☆☆☆

分類	は虫綱 カメ目 オサガメ科
甲長	120～180cm
棲息地	インド洋、太平洋、大西洋、地中海
食べ物	クラゲ類を中心に甲殻類、貝類

現存する世界最大のカメで、甲長256cm、体重916kgの記録もある。ウミガメ類の中でも泳ぐ能力に優れ、その速さは時速24km、水深1000m以上も潜水できると考えられている。主食のクラゲ類を、大型の個体（→ p.106）では1日100kg前後ほど食べているため、クラゲ類の個体数調整にオサガメが役立っている可能性がある。

海に浮かぶたくさんのビニール袋
クラゲと間違って飲み込むオサガメ

⚖ 原告の証言

人間は魚と一緒に、無関係の私たちまで網にかけて溺死させます。さらには、たくさんのゴミを海に捨てるので、**ビニール袋を食べ物のクラゲと間違って食べてしまいます**。また海だけでなく、**産卵のための砂浜も人間にうばわれました**。人間が放ったおそろしい**ブタ**が、私たちが産んだ卵を掘り返して食べてしまうのです。

第1章　棲息地をめぐる裁判　31

被告の弁明

漁のときはオサガメを獲るつもりはないのですが、どうしても入ってしまうのです（混獲）。ゴミも少しずつですが、海に捨てることはやめ、海岸の清掃も始めています。ブタは、もともと家畜として飼っていたものですが、何とかしようと努力しています。

混獲されるオサガメ

オサガメをはじめウミガメ類の混獲は由々しき問題で、混獲され死んでしまうケースがあとを絶たない。加えて、捨てられたビニール袋などを誤って飲み込んでしまう事故も相次いでいる。

オサガメの卵を掘り返して食べるブタ

開発などでただでさえ減少しているオサガメの産卵地だが、野生化したブタなどによる卵の食害（→ p.106）は極めて大きい。ある産卵地では、なんと8割の卵がブタによって食べられてしまった事例すらある。

判決 被告（人間）の有罪！

人間はオサガメを獲ろうと思って獲ったわけではない。また、ゴミのポイ捨てについても、ブタについても許されることではないが、オサガメをいじめようと思ってのことではない。人間の何気ない活動が、知らず知らずのうちに、オサガメやその他の動物たちの棲息環境をおびやかし、絶滅の危機に追いつめることもあるのじゃ。人間たちにはますます保護に取り組むことを命ずる。

オサガメの卵を守る取り組み

IUCNレッドリストでは、オサガメは長い間、絶滅危惧ⅠB類（EN）であったが、2000年には絶滅の危険度が上がり、絶滅危惧ⅠA類（CR）にまでなった。しかし、産卵地の海岸の近くに電気柵を設け、ブタが浜辺に侵入しないよう手厚い保護活動が展開され、オサガメの生態調査も進んだ結果、いくつかの地域では、2040年にはオサガメの個体数が回復するという科学的な見通しが発表された。これを受けて、2013年にはCRから絶滅危惧Ⅱ類（VU）にカテゴリも好転した。まだまだ油断はできないが、回復に向けて進み出したとみてよいだろう。

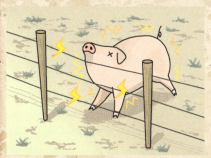

▲触れると通電する、ブタよけの電気柵

第1章 棲息地をめぐる裁判

判例 C 原告
ヨウスコウカワイルカ
Lipotes vexillifer

世界でも大変めずらしい、川に棲むイルカ。その中でもヨウスコウカワイルカは最も絶滅の危険性が高い。その理由とは？

分 類	ほ乳綱 鯨目（クジラ目）ヨウスコウカワイルカ科
全 長	約200cm
棲息地	中国の揚子江（長江の中流から下流域）
食べ物	魚類

にごった川で生活するため、視覚は弱い。そのため、超音波によるエコーロケーションとくちばしの触覚を使ってエサを捕まえる。1950年代には6000頭ほどいたとされるが、その数を減らし続け、ついに2006年の調査では1頭も見つからず絶滅したとされた。その後、棲息の間接的な証拠が報告されているが、絶滅の可能性も高い。

汚染された河川
苦しむヨウスコウカワイルカ

原告の証言

かつて人間は、私たちを愛と平和の象徴、長江の女神として大切にしてくれていました。なのに、ある時を境に食用として、あるいは油を取るためにたくさん殺し始めたのです。その後、長江の汚染や、ダム建設ですみかを追われることにより、私たちはさらに数を減らすことになりました。

第1章 棲息地をめぐる裁判

被告の弁明

キミたちをたくさん捕まえたのは、国を豊かにするための政策の一環だったの（→ p.78）。ダムを造ったのも、工場や家庭からでる汚水で川が汚れてしまったのも、人間が豊かに暮らすために必要だったのよ。

政策と経済発展の要因

近代化を目指す政策によって、ヨウスコウカワイルカを食用などにするため乱獲するようになった。それに追い打ちをかけるように、経済発展による大型ダム建設や河川汚染が進んだ。

工場排水と生活排水

経済発展にともなって、工場や家庭から出る排水が増えたが、排水の処理施設の建設が追いつかず、中国の長江では河川汚染が深刻になっている。河川の水質が悪化すると、ヨウスコウカワイルカなど水中の生物たちに大きなダメージを与えてしまう。

判決 被告（人間）の有罪！

国を豊かにするはずだった政策によって、ヨウスコウカワイルカなど多くの動物たちが命を落とすことになった。結果、国は豊かになったのかもう一度考え直してほしい。また、河川汚染についても、経済発展や人間の利益ばかり優先するのではなく、環境に配慮した活動を行うことが肝心じゃ。人間や生物にとって「水」はなくてはならない存在。水辺の生物を守ることは、人間が頼る水を大切にすることでもあるのじゃ。

保護の取り組みと水質汚染対策

これまで、中国では国をあげてヨウスコウカワイルカの保護施設を設立し、飼育繁殖や細胞の培養に取り組んできた。2003年には日本の江ノ島水族館も協力し、日中共同で保護に乗り出したが、絶滅した可能性も高い。

また、2014年、中国で2兆元の資金を投入した水質汚染対策「水質汚染防止行動計画（水十条）」が施行されると発表された。いままでの中国では、汚水処理施設を経ても、汚染度の高い水を河川などに排出していたが、「水十条」ではこの汚水の排出基準の見直しを行っている。この対策により、下水処理場の設備の向上と、水質汚染の改善が期待されている。

▲中国の揚子江（長江）

第1章 棲息地をめぐる裁判 37

類似ケース
棲息地を追われた絶滅危惧種

イボイモリ
Echinotriton andersoni

- 分類：両生綱 有尾目 イモリ科
- 全長：13〜19cm
- 棲息地：奄美大島、請島、沖縄本島、瀬底島、渡嘉敷島、徳之島
- 食べ物：ミミズや昆虫など

EN ★★★★☆

太古の姿のまま、現代の森林に生きる"生きている化石"（→ p.107）、イボイモリ。森林伐採やリゾート開発などにより、土壌の乾燥化や棲息地の分断が起き、その数を減らしている。また、側溝に転落し、そのまま乾燥死してしまう事故も起きている。

ジャイアントパンダ
Ailuropoda melanoleuca

- 分類：ほ乳綱 食肉目（ネコ目）クマ科
- 体長：120〜150cm
- 棲息地：中国の四川省、陝西省、甘粛省
- 食べ物：竹を中心に昆虫など

EN ★★★★☆

標高2600〜3500mの竹林で単独で暮らし、1日の大半を竹を食べて過ごす。開発によって棲息地が分断され、交尾相手を見つけることができないことが、個体数減少の原因になっている。同時に、環境の変化によってエサとなる竹自体も減っている。

オオアリクイ
Myrmecophaga tridactyla

分　類	ほ乳綱 有毛目（アリクイ目）オオアリクイ科
体　長	100～130cm
棲息地	中米グアテマラから南米アルゼンチン北部まで※
食べ物	おもにアリやシロアリ

湿地や開けた草原で単独で暮らす。1日に3万匹のアリやシロアリを食べるため、広い行動範囲を必要とする。また1産1子で、子どもの成長に2年かかる。遅い成長と棲息密度の低さが、開発による個体数の減少に拍車をかけている。

※グアテマラでは絶滅した可能性あり

コモドオオトカゲ
Varanus komodoensis

分　類	は虫綱 有鱗目 オオトカゲ科
全　長	200～300cm
棲息地	インドネシアのコモド島、リンチャ島など
食べ物	大型ほ乳類、昆虫、鳥など

コモドドラゴンの異名でも知られる世界最大のトカゲ。最近の研究で、だ液には獲物の血液が固まるのを妨げる作用があることがわかっている。農地拡大や木材目的の開発によって、棲息地は縮小しており、パダール島では絶滅してしまった。

第1章　棲息地をめぐる裁判　39

類似ケース　棲息地を追われた絶滅危惧種

ホッキョクグマ
Ursus maritimus

分　類：ほ乳綱 食肉目
（ネコ目）クマ科
体　長：180〜250cm
棲息地：北アメリカ大陸北部、
ユーラシア大陸北部および北極圏
食べ物：アザラシ、魚など

世界最大の肉食獣で、ストロー状の毛で断熱効果を高めるなど、寒い地域にとても適応している。また、泳ぎもうまい。地球温暖化（→ p.107）により、狩り場となる氷やエサとなるアザラシが減り、絶滅の危機に瀕している。さらにエサを求めて南下したホッキョクグマとハイイログマとの間に、雑種まで産まれる事態も起こっている。

コウノトリ
Ciconia boyciana

分　類：鳥綱 コウノトリ目 コウノトリ科
全　長：約110cm
棲息地：東アジア
食べ物：甲殻類、魚類、カエル類

江戸時代、日本各地に棲息していたが、明治以降の狩猟解禁によって激減。さらに、棲息地となる水田が減少・悪化し、今世紀初頭には繁殖地は兵庫県丹波地方のみとなってしまった。その後、50年以上にわたり、コウノトリの野生復帰計画が続けられている。

40

ハクバサンショウウオ
Hynobius hidamontanus

分　類	両生綱 有尾目 サンショウウオ科
全　長	8～9cm
棲息地	岐阜県、富山県、長野県白馬村、新潟県青海町
食べ物	昆虫など

背面の暗褐色に、銀白色の小さな点が散りばめられた非常に美しい模様のサンショウウオ。棲息地の一部にはリゾート地がふくまれている。そのため、観光地化にともなう土地開発によって、棲息環境である湿原の縮小、乾燥化、ゴミ投棄などが生じ、繁殖地を追われて絶滅が心配されている。

ヤンバルテナガコガネ
Cheirotonus jambar

分　類	昆虫綱 鞘翅目 コガネムシ科
体　長	4～6cm
棲息地	沖縄本島北部
食べ物	幼虫・腐植土・成虫・樹液

カブトムシよりも大きい日本最大の甲虫。長く伸びた前脚が特徴的。とてもめずらしい昆虫で、沖縄の山奥にできたダムで職員がたまたま発見した。沖縄の極々かぎられた森にしか棲息していないため、森林伐採などの開発に何らかの規制を設けなければ、近い将来絶滅してしまうだろう。

日本版レッドリスト

第1章　棲息地をめぐる裁判　41

人間が生み出した環境への適応

　人間は、自分たちにとって住みよい環境を生み出すために、積極的に周囲の環境をつくり替えてきました。それは、ビーバーがダムや巣をつくるのと何ら変わりないのですが、人間の場合はとてつもない速さで、広大な土地を変えていってしまいます。その環境変化のスピードに、他の生物はついてゆけず、絶滅の危機に追いつめられてしまうのです。

　しかし、近代になって、人間が新たにつくり出した都市環境に適応する動物も現れ始めます。そのひとつがハヤブサです。日本版レッドリストでは、絶滅危惧Ⅱ類（VU）指定されていますが、都会でも観察されるようになってきました。本来、ハヤブサは断崖絶壁で子育てをするのですが、一部のハヤブサが都会の高層ビルを崖に見立てて棲みつくようになったのです。喜ばしいようにも思えますが、もしかすると崖で暮らすというハヤブサ本来の習性を、人間が間接的に変えてしまっているのかもしれません。

▶高層ビルで羽を休めるハヤブサ

第2章
外来種をめぐる裁判

人間に移動させられた動物たちの被害と、その動物により被害を被る動物たち——
飛行機や船など、交通の発達により、世界中を気軽に行き来できるようになった現代。人間と共に動物が各地に移動することで生じる、さまざまな問題とは。

海外旅行、行ってみたいなあ。
動物たちが外国に行くと、どうなっちゃうんだろう？

判例 A　原告
グアムクイナ
Hypotaenidia owstoni

「ココバード」というニックネームで親しまれる、飛べない鳥、グアムクイナ。彼らの棲む南の楽園を襲った者とは？

EW
★★★★
★★☆

分類	鳥綱 ツル目 クイナ科
全長	約28cm
棲息地	グアム島（再導入）、 北マリアナ諸島（移入）
食べ物	雑食

かつてはグアム島全域の森林、低木林、サバンナ、草原、農耕地など幅広く棲息していた。1981年には2000羽いたとされるが、1983年には100羽以下になり、1987年には野生絶滅した。おもな減少原因として、人間が連れてきたネコやブタ、ミナミオオガシラによる食害があげられる。

飛べないグアムクイナに襲いかかる
ミナミオオガシラ

原告の証言

ある日、突然やってきたヘビに、なかまがどんどん食べられていったんだ。野生のぼくらは絶滅してしまったんだけど、人間に飼われていたなかまが殖えて、人間に新しい島へ移してもらって難を逃れた。そのあとも、人間はヘビを一部追い出して、ぼくらをグアム島へと戻してくれたんだよ。ああ、こわかった。

第2章 外来種をめぐる裁判

被告の弁明

ミナミオオガシラ
（冤罪？）

俺たちは、人間の船に乗り込んでグアム島へ来た。グアム島には飛べない鳥など、捕まえやすいエサがたくさんいてラッキーだったぜ。おかげさまで、もとの場所じゃ2mくらいだったのに、食べ放題のグアムじゃ3mまで大きくなれた。でも、悪いのは俺たちじゃない。連れてきた人間だ。

ネコやブタは確かに連れてきたけど、ヘビは知らない間に勝手に荷物にまぎれ込んできたんだ。それにこのヘビはグアムクイナ以外にも鳥だけで6種、他にもいろんな生物を絶滅へと追いやって、環境をめちゃくちゃにしているんだ。それどころか、最近じゃヘビが電線に絡みついて感電死して、街を停電させて困っている。

人間に連れられてきた ミナミオオガシラ

ミナミオオガシラは、おそらく第二次世界大戦後に船の荷物にまぎれ込んでグアム島へと侵入したと思われる。グアムクイナは飛べないことも手伝ってかっこうのエサとなった。

判決 被告（人間）の有罪！

むむむ。これはとてもむずかしい問題だ……。**人間に移動させられたミナミオオガシラ**も、それによって**絶滅へと追いやられたグアムクイナ**も、めぐりめぐっていろんな悪影響を受けている**人間も被害者**かもしれない。とにかく過失とはいえ、ミナミオオガシラを移動させてしまった人間が先導して、島をもと通りにするよう努めなさい。

グアムクイナ保護の取り組み

グアムクイナは、野生個体が絶滅する前に自然から隔離し、飼育繁殖に成功していた。殖やした個体をまずはミナミオオガシラのいない島へと移動した。その後、グアム島の一部のミナミオオガシラ駆除に成功し、再びグアムクイナが本来の棲息地に戻されている。2013年には、毒入りのネズミを島にまき、それを食べたヘビを殺す作戦も行われたが、物議を醸し出したようだ。

また、グアム政府観光局がグアム島で毎年主催している「グアムココハーフマラソン＆駅伝リレー」において、エントリー料金の一部を、ココバード（グアムクイナ）の保護活動に使用する取り組みも行われている。

▶ グアムココハーフマラソン＆駅伝リレー

写真提供：グアム政府観光局

第2章 外来種をめぐる裁判　47

判例 B 原告
ディンゴ
Canis lupus dingo

オーストラリアの先住民アボリジニと共に、オーストラリアの大地をたくましく生き抜いてきたディンゴ。彼らに降りかかった問題とは？

分 類	ほ乳綱 食肉目（ネコ目）イヌ科
体 長	約100cm
棲息地	オーストラリア、ニューギニア、インドネシア、タイ、ベトナムなど
食べ物	肉食を中心とした雑食

ディンゴはアボリジニの家畜イヌ（オオカミ）の子孫である。性格は獰猛で、オーストラリアの砂漠や草原などに棲息する。肉食だが、果実なども食べ、繁殖期には群れで行動する。ディンゴは飼いイヌと交雑（→p.106）可能であるために、純血（→p.107）のディンゴは数を減らしている。

フェンスの向こうの牧場主と羊
人間に拒絶されるディンゴ

原告の証言

我々は、人間に飼われ、人間のために働いてきた相棒だった。それがある日、ふたたび厳しい野生の世界に放たれた。我々も生きるために必死で狩りをした。すると、今度は害獣（→ p.106）だといって迫害する。そして、さらに人間が連れてきた飼いイヌとの雑種が増え続け、我々の種族はおだやかに減りつつある。

第2章 外来種をめぐる裁判

被告の弁明

ディンゴの被害者たち

人間たちがディンゴを放ったせいで、俺たちは大迷惑だ！ ワラビーやウォンバットはエサにされ、同じものを食べているフクロオオカミやタスマニアデビル（→ p.57）はエサをうばわれ……フクロオオカミなんかは絶滅してしまったんだぞ！！※

※絶滅の一因ではないかと考えられているが、諸説あり。

ディンゴを野に放ってしまったのは申し訳なかった。まさか、**ディンゴが野生化**してオーストラリアの動物たちに迷惑をかけるとは……。その一方で、**ディンゴも減っている**……どうしたらいいんだ？？

もともと人間と共存していたディンゴ

ディンゴは人間のためによく働き、そんなディンゴをアボリジニも大切にしていた。子犬が産まれると人間の乳を与えていたほどであった。しかし野生化したディンゴはオーストラリア全土に広がり、カンガルーをはじめいろんな動物をエサにして生態系の頂点に立ち、さまざまな在来種（→ p.106）へ悪影響を及ぼした。一方で、ディンゴと飼いイヌとの混血（→ p.107）が進み、純血のディンゴは数を減らしている状況にある。

50

判決　被告（人間）の有罪！

いまとなっては、どういう状況でディンゴが野に放たれたか定かではないが、**人間の管理不足が原因である**。ディンゴがもたらした**生態系の破壊**への対応もまだ完全とはいえない中で、今度はディンゴまで**絶滅の危機**に追いつめられる状況になり、まさに泣きっ面に蜂だとは思うが、あきらめずにオーストラリアの生態系の保全とディンゴ保護の両方に努めてほしい。

ディンゴに対する課題

オーストラリアでは、これ以上ディンゴが生態系に悪影響を与えないようにするため、大陸を縦断する世界一長いフェンス、「ディンゴフェンス」を設置してディンゴを隔離している。しかし、ディンゴを隔離したために、天敵がいなくなったカンガルーなどが増えすぎるという事態も起きている。飼いイヌとの混血が進み、絶滅の危機に瀕しているディンゴに対しては、積極的な保護はまだ行われていない。絶滅危惧種であると同時に、外来種（→ p.106）の害獣でもあるディンゴに対して、今後どのように保護を行っていくべきなのか、十分な議論が必要だ。

▲ディンゴフェンス

第2章　外来種をめぐる裁判

判例 C 原告
コブクビスッポン
Palea steindachneri

保護すべきなのか駆除すべきなのか？
食用にされたとあるスッポンの話。

EN ★★★★☆

分 類：は虫綱 カメ目 スッポン科
甲 長：約40cm
棲息地：中国・ベトナム（原産地）、
　　　　モーリシャスとハワイに移入
食べ物：魚類、甲殻類などの水生生物

大型のスッポンのなかま。くびの付け根にコブのような突起があることからコブクビスッポンとよばれる。中国では食用に乱獲され、いまでは絶滅危惧種になっている。ところが、ハワイにおいては人が持ち込んだコブクビスッポンが、外来種の中でも特に悪影響を及ぼす侵略的外来種（→ p.106）となり、問題視されている。

ほかほかのスッポン料理
おいしそうに食べる中国人

原告の証言

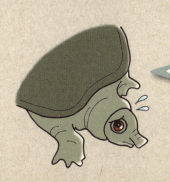

人間は私たちを食べるために獲りすぎています。さらには、故郷（中国、ベトナム）以外でも食べようと、私たちを勝手にハワイに移したうえに、今度は外来種扱いし、駆除しようかという勢いです。あまりにも身勝手すぎないでしょうか？

第2章 外来種をめぐる裁判 53

被告の弁明

長らく中国ではキミたちを**食用として**たくさん食べてきた。とても需要があるので、**養殖を試みたが成功していない**。努力はしたんだ。**殖やすのは難しい**かと思えば、食用に持ち込んだ**ハワイ**では、**野生化してしまうほど殖えてしまった**。これを中国に戻そうにも、賛否両論あって答えが出せないんだよ。

中国では絶滅危惧種、ハワイでは外来種

コブクビスッポンは養殖が進まず、需要に対して供給が追いついていないことが、数を減らしている一番の原因のようだ。ハワイで殖えた外来種のコブクビスッポンを、駆除と保護をかねて中国に戻したとしても、すぐに乱獲にあう危険性も高い。とはいえ、ハワイのコブクビスッポンを放置すれば、生態系に悪影響を及ぼす可能性があり、八方ふさがりである。

判決 被告（人間）の有罪！

中国での乱獲は人間の故意、ハワイでの外来種問題は過失。まずは中国での保護意識の改善や法律を整えて、ハワイのコブクビスッポンの対処を考えるのがよいと思うが、読者のみんなはどう考えるかな？ 陪審員になった気持ちで、また自分たち人間が起こした問題として、読者ひとりひとりも真剣に考えて欲しい。

保護の取り組みと外来種問題

中国のコブクビスッポンに関しては、ワシントン条約（絶滅のおそれのある野生動植物の国際取引に関する条約）によって、国際的な取引についてのみ制限されている。また、侵略的外来種として殖え続けているハワイのコブクビスッポンの対応については、議論が続いておりなかなか答えがでない状況だ。

外来種によって起こっている問題

捕食	もともと棲息していた動物や植物を食べてしまう。
競合	在来の生物から食べ物や棲息環境をうばい、駆逐してしまう。
交雑	近縁種同士で交配し、雑種が生まれてしまう。純粋な血統が失われ、病気にかかりやすくなるおそれがある。
感染	他の地域の病気や寄生生物を持ち込む。

第2章 外来種をめぐる裁判

類似ケース　外来種にまつわる絶滅危惧種

ニッポンバラタナゴ
Rhodeus ocellatus kurumeus

- 分類：条鰭綱 コイ目 コイ科
- 全長：約5cm
- 棲息地：琵琶湖より西の本州、四国、九州
- 食べ物：藻類を中心に甲殻類など

繁殖期のオスは名前の通り、薔薇のように美しい色（婚姻色）となり、観賞魚としても人気が高い。中国原産のタイリクバラタナゴとの交雑が進み、純系のニッポンバラタナゴは絶滅が心配されている。現在、棲息地域の行政や研究グループによって、純系の保護活動が行われている。

ギュンタームカシトカゲ
Sphenodon guntheri

- 分類：は虫綱 ムカシトカゲ目 ムカシトカゲ科
- 体長：20〜30cm
- 棲息地：ニュージーランドのノースブラザー島
- 食べ物：昆虫など

"トカゲ"という名前がついているが、トカゲとはまったく系統の異なるは虫類。現存している唯一のムカシトカゲの1種で、生きている化石ともいわれている。ネコなどの人が持ち込んだ動物による食害を受け激減。現在は、外敵のいない島で厳重に保護されている。

タスマニアデビル
Sarcophilus harrisii

分類	ほ乳綱 フクロネコ目 フクロネコ科
体長	50〜60cm
棲息地	オーストラリアのタスマニア島
食べ物	ヘビや小鳥などの小型動物

カンガルーのようにお腹の袋で子育てをする有袋類。現存している有袋類で最大の肉食獣。かつてはオーストラリア大陸にも棲息していたが、現在はタスマニア島にしかいない。ディンゴ（→ p.48）との生存競争に負け、ディンゴのいないタスマニア島でだけ生き残ったと考えられている。

ヤンバルクイナ
Hypotaenidia okinawae

分類	鳥綱 ツル目 クイナ科
全長	約30cm
棲息地	沖縄本島北部
食べ物	昆虫、甲殻類を中心とした雑食

1981年に新種が記載された日本固有種（→ p.106）で、ほとんど飛ぶことができない。開発による環境悪化で数を減らし、野良ネコやハブの退治用に放たれたマングースに食べられ、激減している。マングース対策の一環として、ディンゴのようにフェンス（→ p.51）が設けられている。

第2章 外来種をめぐる裁判

類似ケース　外来種にまつわる絶滅危惧種

キーウィ
Apteryx australis

- 分類：鳥綱 キーウィ目 キーウィ科
- 体長：50〜65cm
- 棲息地：ニュージーランド
- 食べ物：ミミズや昆虫など

ニュージーランドを代表する飛べない鳥で、同国の国鳥。現在、5種に分類されているが、1種だけがNT（準絶滅危惧種）で残り4種はすべて絶滅危惧種のVUとENである。農地拡大にともなって棲息地の森林が減少し、さらに人間が持ち込んだオコジョ、イヌ、ネコなどに捕食され、個体数が減少している。

VU ★★★☆☆☆

ヒクイドリ
Casuarius casuarius

- 分類：鳥綱 ダチョウ目 ヒクイドリ科
- 全長：127〜170cm
- 棲息地：ニューギニア、オーストラリア北部
- 食べ物：果実を中心とした雑食

最大体重は85kgで、ダチョウについで世界で2番目に重い鳥である。ノドに真っ赤な肉垂があることが、火食鳥（ヒクイドリ）の由来といわれる。ニューギニアでは狩猟によって、オーストラリアでは野生化したブタに卵を食害されて数を減らしている。

VU ★★★☆☆☆

ワニガメ
Macrochelys temminckii

- 分類：は虫綱 カメ目 カミツキガメ科
- 甲長：約80cm
- 棲息地：アメリカ東南部
- 食べ物：肉食中心の雑食

世界最大の淡水ガメ。ミミズのような形の舌をルアーにして、魚をおびき寄せ食べる。環境破壊とペット目的の乱獲によって数を減らしている。しかし、輸出先である日本では、逃げ出したものが外来種として定着し、問題になっている。

VU
★★★☆
★☆☆

CR
★★★★
★☆☆

チュウゴクオオサンショウウオ
Andrias davidianus

- 分類：両生綱 有尾目 オオサンショウウオ科
- 全長：約100cm
- 棲息地：中国本土（棲息地は断片化）
- 食べ物：水中や水辺の動物

世界最大級の両生類。中国では食用や美容品として乱獲された。中国では養殖もされており、日本にも養殖目的で導入された可能性がある。日本では、日本固有種のオオサンショウウオと交雑を起こすことが問題視されており、すでに京都の鴨川に棲む個体の大半が雑種であることが判明している。

第2章　外来種をめぐる裁判　59

目に見えない外来種

　外来種は第2章で紹介したように、目に見える動物ばかりとはかぎりません。植物も外来種になりえますし、目に見えない小さな生物も外来種問題を起こします。日本でも、「カエルツボカビ症」が2007年前後に問題になりました。世界中で多くの種類のカエル（例：カモノハシガエル→p.9）を死に至らしめたカエルツボカビですが、幸い日本のカエルは耐性があり大事には至りませんでした。また、近年アメリカでは、ヘビカビ症（Snake Fungal Disease）によってヘビ類が、コウモリ白鼻症（Bat White-nose Syndrome）によってコウモリ類が大量死しています。これらの病原菌はもともとその土地にはおらず、人間が移動させた物資や生物、あるいは人間自身の体に付着して移動先で猛威をふるっていると考えられています。国際的な交通網も発達し、世界中に行けるようになった人間。そこに相乗りしてしまう生物たちの罪なきタダ乗りと、移動先でのトラブルは人間に責任があるのです。

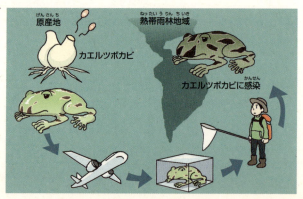

▶カエルツボカビや、それを保菌したカエルが、人々の出入りと共に、さまざまな場所へ移動させられたのが感染拡大の一因

第3章
乱獲・害獣駆除をめぐる裁判

人間の都合で大量に狩られた動物たち——
人間が生きてゆくためには衣食住、そしてお金が必要だ。
その犠牲となった動物たちの訴えとは。

人間に殺された動物たちの
裁判を見てみよう。
ひどいことするなあ！

判例A 原告
トラ
Panthera tigris

ライオンと並んで強さの象徴にされることの多い、密林の王者トラ。
そんな王者も人間活動の前にはひれ伏すしかないのだろうか。

EN ★★★★
☆☆☆

分 類	ほ乳綱 食肉目（ネコ目）ネコ科
体 長	約200～300cm ※1
棲息地	インド、極東ロシア、中国南部、東南アジア ※2
食べ物	肉食を中心に、少量の果実や種子

熱帯から寒冷地帯まで、さまざまな密林に棲息するトラには、9種類の亜種（→p.106）が知られる。そのうちカスピトラ、バリトラ、ジャワトラが1940年代以降に絶滅してしまっている。生態系の頂点に立ち、重要な役割を果たしていると考えられるが、その生態の多くはなぞに包まれている。

※1…亜種やオスとメスの差をふくめた大きさ。　※2…全亜種をふくめた分布域。

毛皮をねらうハンター
銃弾に倒れるトラ

原告の証言

人間の中には、俺たちを神や神の使いとして敬い、大事にしてくれる奴らもいた。だが一方で、俺たちを狩りの楽しみのために殺したり、毛皮製品や剥製をつくったりして、私腹を肥やす人間もいる。さらになわばりである森をうばい、俺たちを危険動物として殺す。もし俺たちが神だというならば、こんな冒涜が許されるのか？

第3章　乱獲・害獣駆除をめぐる裁判　63

被告の弁明

我々人間は数が増え、新たなすみかや食料確保のために、新しい畑や森を切り拓いてつくる必要がどうしてもあるのだ。また、トラの体は余すところなく高く売れるし、薬にもなるから、お金にかえることができる。

毛皮や薬目的の密猟

トラ自身がスポーツハンティング（→ p.107）の対象でもあり、その体からとれる毛皮、剥製も高値で取引される。さらに、骨、内臓、尾、ひげといった体のほとんどの部位も漢方薬の材料となるため、密猟があとを絶たない。

棲息地の減少

ロシアの違法な森林伐採や、メコン川流域の無計画な開発、アブラヤシのプランテーションづくり（→ p.28）によって、トラの棲息地はどんどん減っている。棲息地が減ったことにより、トラと人間が出会う危険性も高くなるため、人を襲ったトラが殺される悪循環を生み出している。

判決 被告（人間）の有罪！

> 密猟のおもな原因のひとつは、どうやら毛皮や漢方薬のためのようだ。しかし、トラを無計画に殺し続ければ、漢方薬もつくれなくなる。毛皮や漢方薬は人間の大切な文化のひとつでもある。もっといえばスポーツハントだって、文化のひとつなのだ。トラが絶滅するということは、人間文化が絶滅するということではないか？　もう一度、トラとのつきあい方を考えてほしい。

トラを絶滅から救うために

トラの保護活動は、各国の政府や保護団体などが国を超えて協力してゆかねばならない。その大きな理由は密猟だ。なぜなら、密猟したトラを輸出する国と輸入する国は違うからだ。また、プランテーションづくりも同じで、プランテーションでつくられる作物の輸出先は外国なのだ。トラの保護は、国際的な理解がまずは必要になる。それと同時に、現地での密猟摘発や、各国での密輸防止も重要な取り組みになってくるだろう。

▶高値で取引されるトラの毛皮

©Wildlife Trust of India

第3章　乱獲・害獣駆除をめぐる裁判

判例 B

原告
キタシロサイ
Ceratotherium simum cottoni

角のある動物といえばサイを思いつく人も多いのではないだろうか。まさに、その角ゆえに絶滅の危機に瀕している動物なのだ。

分類：ほ乳綱 奇蹄目（ウマ目）サイ科
体長：330〜420cm
棲息地：アフリカ中央部
食べ物：草原の草

シロサイには、ミナミシロサイ（NT 準絶滅危惧種）とキタシロサイの2亜種がいる。キタシロサイは現在、野生では確認されていない。保護施設や動物園にはこれまで計6頭いたが、2014年に1頭が死に、残り5頭となってしまった。

草原で草を食べるキタシロサイ
忍び寄る密猟者の影

原告の証言

人間はおそろしい。私たちの**角を獲る**ためだけに、**私たちを殺す**んだ。しかも角を獲る人間は、**角の価値が上がる**からといって、私たちの**絶滅を願っている**らしい。私たちを保護しようとしてくれている人間もいるけれど、私たちにはいい人間と悪い人間の区別はつかないよ。お金ってそんなに必要なんだろうか。

第3章　乱獲・害獣駆除をめぐる裁判　67

被告の弁明

サイの角は、漢方薬のためにとても必要でした。一時期、保護に乗り出したのですが、内戦が始まり、正直に申し上げてそれどころではなくなってしまったのです。残り5頭になってしまいましたが、何とか密猟者の手から守り、繁殖させようとしています。本当に申し訳ない。

漢方薬にされたサイの角

キタシロサイの角は、おもに漢方薬の材料として、高値で闇取引される。その金額はなんと1kgあたりおよそ770万円以上にもなる。密猟により、1984年には残り15頭となったが、93年には保護活動によってほぼ倍に回復した。しかし、その後のコンゴでの内戦により保護活動が難しくなり、現在のところ、野生個体は確認されていない。

判決　被告（人間）の有罪！

キタシロサイにかぎったことではないが、原材料となる動物の数が減るほど、その価格がさらにはね上がることも、密猟や闇取引がなくならない原因のひとつじゃ。ごく一部だと信じたいが、そのようなことを考える人間がいることも事実である。法律の整備をふくめた保護活動はもちろん、動物に対しての道徳心も育んでもらいたいものだ。

5頭しか現存しないキタシロサイ

保護施設での繁殖の試みはもちろん続けられているが、残り5頭のうち2頭が平均寿命の40歳を超えている。また、そのうちの高齢の1頭はオスで、オスは5頭の中でこの1頭だけだ。現実的に自然に繁殖することは不可能で、人工授精が試みられたこともあったが、いまだに成功していない。このままでは、2012年のピンタゾウガメ（→ p.77）に続き、私たちは大型野生動物の絶滅の瞬間に立ち会ってしまうことになるかもしれない。

▶ケニア・オルペジェタ自然保護区のキタシロサイ

第3章　乱獲・害獣駆除をめぐる裁判　69

判例 C 原告
キングコブラ
Ophiophagus hannah

世界最大の毒ヘビとして知られるキングコブラ。そのネガティブなイメージが生んだ悲劇とは。

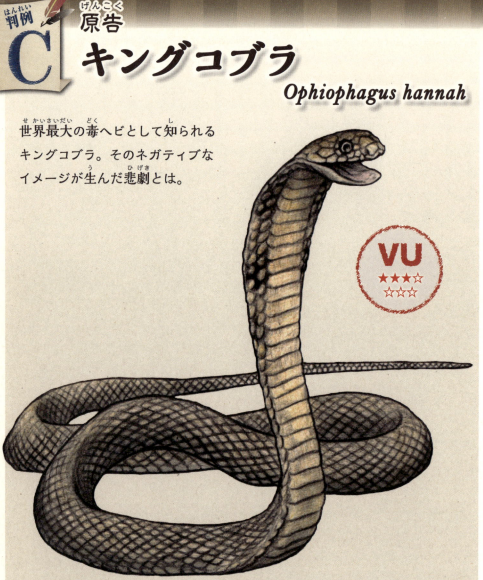

VU
★★★☆

分類：は虫綱 有鱗目 コブラ科
全長：約400cm
棲息地：東南アジア
食べ物：おもに他種のヘビ

世界最大の毒ヘビ。他のヘビをおもに食べるため、"キング"の名前がついている。ヘビの中の王様という意味だ。ヘビにしてはめずらしく、巣をつくってメスが卵を守る。強い神経毒を持っているために、危険とみなされ、多くの個体が殺された。

毒をおそれる人間
退治されるキングコブラ

原告の証言

私たちはむやみに人を咬んだり、ましてや自分から人間を襲いはしません。毒液は確かに身を守るためにも使いますが、本来は獲物を獲るためのものです。それなのに、人間は私たちの毒をこわがり、積極的に私たちを殺しに来ます。そのため、自己防衛で毒を使うことは、仕方のないことなのです。

第3章 乱獲・害獣駆除をめぐる裁判

被告の弁明

長い間、私たちは、キングコブラをはじめヘビのことを**おそろしい生き物**だと誤解してきたようです。しかし、その誤解はまだまだ根強く残っています。人間という生き物は、ひとりひとり考え方や価値観が違います。それを変えるのはとても大変なのです。

キングコブラの毒牙

タイなどの神聖視されている一部地域を除き、おそろしい毒ヘビとして、多くのキングコブラが殺されてきた。このような"ヘビ殺し"は、毒ヘビにかぎったことではないが、キングコブラはその大きさから特に駆除されてきたようだ。また、キングコブラはヘビ革をとる目的や食用としても乱獲されている。

失業するヘビ使い

開発などによる棲息地の減少もキングコブラに追い打ちをかけている。余談になるが、ヘビ使いが使うインドコブラも、棲息地の減少によって数が減り、保護対象となってしまった。そのせいで、インドでは2013年にヘビ使い数万人が失業するという事態が起きている。

判決　被告（人間）の有罪！

人間たちの間では、キングコブラをはじめヘビのイメージは相当悪いようじゃ。しかしながら、人を進んで襲うキングコブラはいない。人間の知恵と知識を持って、キングコブラのことをよく知り、多くの人々からキングコブラの誤解を解くよう努めること。時間はかかると思うが、毒ヘビの毒をおそれて殺すのではなく、共存できるよう、歩み寄りなさい。

キングコブラ保護の取り組み

ワシントン条約（絶滅のおそれのある野生動植物の国際取引に関する条約）によって、キングコブラの国際取引は制限されている。食用などに捕獲する国では、コブラの個体数の調査が行われ、適正な捕獲数を計算して数値をだそうという試みも始まっている。

また、タイでは保護意識が行き届いており、仮にキングコブラが民家などに迷い込んでも、人気のない場所へ還すという習慣が定着している。このため、タイでは個体数が減っているという事実はない。

▲タイの民家で捕獲され、人気のない場所へ放されたキングコブラ

第3章　乱獲・害獣駆除をめぐる裁判

類似ケース　乱獲や害獣駆除による絶滅危惧種

ライオン
Panthera leo

- 分類：ほ乳綱 食肉目（ネコ目）ネコ科
- 体長：140〜270cm
- 棲息地：アフリカとインド北西部
- 食べ物：おもに大型のほ乳類

VU ★★★☆☆☆

かつてはアフリカのほぼ全域から南東ヨーロッパ、中近東、インドまで繁栄を誇っていたが、多くの地域で姿を消した。原因のひとつとして、住民がライオンをおそれることや、家畜が襲われることから、狩猟熱が高まったことがあげられる。それにより2亜種がすでに絶滅してしまった。

チンチラ
Chinchilla lanigera

- 分類：ほ乳綱 齧歯目（ネズミ目）チンチラ科
- 体長：22〜38cm
- 棲息地：チリ北部
- 食べ物：草、植物の根など

CR ★★★★★☆

野生の個体は、19世紀より盛んになってきた毛皮目的の狩猟によって激減した。一時期は、チリから50万枚もの毛皮が輸出されたことがある。保護によって絶滅こそまぬがれたものの、棲息数は減少している。一方で、近年では飼育技術の発達により、ペットショップでも見かけることが多くなってきた。

ニホンウナギ
Anguilla japonica

分類	条鰭綱 ウナギ目 ウナギ科
全長	100cm〜130cm
棲息地	東アジア
食べ物	魚類、甲殻類など

2014年、ニホンウナギが絶滅危惧種になるという衝撃的なニュースが日本で発表された。同年には近縁種のアメリカウナギもEN、ヨーロッパウナギはCRの指定を受け、このままではウナギを食べられなくなる可能性もある。減少原因としてはいずれも食用の乱獲が大きいとされている。ちなみに世界のウナギの7割を消費しているのは日本である。

ラッコ
Enhydra lutris

分類	ほ乳綱 食肉目（ネコ目）イタチ科
体長	約110cm
棲息地	北太平洋沿海
食べ物	魚類、甲殻類、棘皮類、頭足類など

一生のほとんどを海で暮らし、食いしん坊で動物質の海産物を1日に体重の4分の1も食べる。18世紀半ばに発見されたあと、毛皮のために乱獲され、20世紀初めには絶滅寸前まで追いつめられた。しかし、近年、少しずつ個体数を回復させつつある。

第3章　乱獲・害獣駆除をめぐる裁判

類似ケース 乱獲や害獣駆除による絶滅危惧種

シロナガスクジラ
Balaenoptera musculus

分 類	ほ乳綱 鯨目 ナガスクジラ科
全 長	20m〜34m
棲息地	世界中の海域
食べ物	おもにオキアミ類

地球上で最大の動物。冬は熱帯海域で繁殖し、夏は寒帯海域で暮らす。19世紀には30万頭もいたが、脂目的の乱獲によって1963年には4000頭まで減った。1965年には全世界で捕獲が禁止され、近年では2万頭前後まで回復していると考えられている。

EN ★★★★☆☆

ジュゴン
Dugong dugon

分 類	ほ乳綱 海牛目（ジュゴン目）ジュゴン科
全 長	100〜400cm
棲息地	太平洋西部からインド洋、紅海、アフリカ東岸
食べ物	おもに海草のアマモ類

人魚のモデルともいわれる動物。アマモをはじめとする海草類しかほぼ食べないため、それらの藻場が開発などにより消滅してしまうと、ジュゴンも大打撃を受けることになる。また、太古の昔から狩猟の対象とされ、食用や油用、皮革用に乱獲された歴史がある。一部地域では現在も狩猟が認められている。

VU ★★★☆☆☆

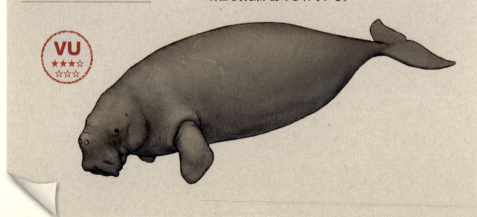

アビシニアジャッカル
Canis simensis

- 分類：ほ乳綱 食肉目（ネコ目）イヌ科
- 体長：約100cm
- 棲息地：エチオピア
- 食べ物：おもにネズミ類

単独またはペアや家族といった小集団で活動し、ネズミ類などの小動物を獲物としている。家畜を襲うことはないが、襲うと誤解され、射殺され続けた。かつてはエチオピア全土に分布していたが、現在ではかぎられた場所にしか棲息していない。

EN
★★★★☆

ガラパゴスゾウガメ
Chelonoidis nigra

- 分類：は虫綱 カメ目 リクガメ科
- 甲長：約130cm
- 棲息地：ガラパゴス諸島
- 食べ物：木の葉、果実など

世界最大のリクガメ。ガラパゴス諸島の島ごとに甲羅の形の異なる亜種が複数棲息する。ガラパゴスとは"カメ"という意味で、その名の通りガラパゴス島には本種がたくさんいた。しかし、おもに食用に乱獲され、さらに開発によってすみかを追われ、いくつかの亜種は絶滅してしまった。

2012年には、亜種のひとつ、ピンタゾウガメ最後の1頭のオス、ロンサムジョージが死に、またひとつ亜種が絶滅した。

VU
★★★☆☆

第3章　乱獲・害獣駆除をめぐる裁判　77

害獣がいなくなるとどうなる？

　人間の都合で狩りつくしたはずなのに、かえって人間の不都合になることがあります。分かりやすいのは、1985年の中国で毛沢東が行った「四害駆除運動」です。当時の中国では、農業・工業の大増産を図る政策を進めていました。その一環で、人間に害を与える4つの生き物の駆除を始めたのです。その4つとは、病気を媒介するネズミ、蚊、ハエ、農作物を食い荒らすスズメです。特にスズメに関しては、徹底的に駆除されました。これで、作物の収穫量が上がると当時の中国人は信じていたのです。ところが、収穫量は減少する結果になりました。スズメは農作物だけでなく、農作物の害虫も食べてくれていたので、農作物の害虫が、天敵のスズメがいなくなったことで爆発的に増えたのです。同じ理由で4害の蚊とハエも増えてしまいました。生態系のバランスは、数多くの生物が複雑に関わりあって、保たれています。人間の都合で、ある生物を排除すると大きくバランスがくずれることがあるのです。

▶田んぼで稲をついばむスズメの群れ

第4章
故郷と自立を めぐる裁判

故郷のなかまは絶滅した動物たち、絶滅しかかっている動物たち——人間の管理下では、人間によって数は殖やされているが、帰るべき故郷は人間によって破壊されてしまった。故郷のなかまもいなくなってしまったか、いてもわずか。そんな彼らの生きる道とは。

「生きていても、帰るべき故郷がないのはとても悲しいね…。裁判を傍聴してみよう。」

判例A 原告
メキシコサンショウウオ
Ambystoma mexicanum

日本では"ウーパールーパー"の愛称で知られ、ペットショップでも見かけることの多い生き物。かわいらしい顔に隠された彼らの悲劇とは。

分　類：両生綱 有尾目 トラフサンショウウオ科
全　長：10〜23cm
棲息地：メキシコのソチミルコ湖周辺
食べ物：昆虫や魚類など

棲息地であるメキシコのソチミルコ湖は、人口増加と近代の都市化によって、埋め立てが続き面積が縮小し続けている。また、開発による水質悪化で野生の個体は激減。その一方で、実験動物やペットとしてはかなりの個体数が出回っている。

埋め立てられたソチミルコ湖
すみかを追われるメキシコサンショウウオ

原告の証言

ぼくらは、人間が湖に住みつく前からずっとここに棲んでいた。湖の恩恵を受けて大きな文明を築いた人間が、**湖を埋め立てたり、汚した**りすると思わなかった。そうやってぼくらの**故郷をうばいながら、自分たちのペットや実験動物として**ぼくらを重宝している。ぼくらはもう人間の家畜としてしか生きてゆけないのだろうか。

第4章　故郷と自立をめぐる裁判

被告の弁明

人類の繁栄のために湖を利用してきた結果、いつのまにか湖は小さくなり、汚れてしまった。わざとじゃないんだ。それにキミたちは、ペットや実験動物として、人間社会の中でたくさん数がいるからいいじゃないか。

ソチミルコ湖の開発

湖に葦などの植物でつくった浮島を浮かべ、そこに湖底の泥を積んで畑をつくるチナンパ農法によって、湖は埋め立てられて縮小の一途をたどっている。それにともない、アステカ文明以降、人口増加が続いている。近年では、観光業がさかんになり、観光船が行き交うことで水質悪化も進んでいる。

外来魚の被害

水質悪化が進む中、コイやティラピアなどの外来魚による食害や、薬にするために1歳未満の小さなメキシコサンショウウオが人間に乱獲されていることも、減少の大きな原因である。

判決 被告（人間）の有罪！

ペットとして増えているからといって、無罪にはならないのじゃ。**ペットや実験動物としてのメキシコサンショウウオは品種改良され、野生の個体からどんどんかけ離れていってしまっている。**つまり、人間はメキシコサンショウウオから故郷をうばった上に、メキシコサンショウウオを別の生き物へ少しずつ変質させてしまっている（→p.96）。それはゆるやかに絶滅させているのと同じじゃ。生物は、環境と共に進化して現在の姿になった。故郷の環境も守ることが、絶滅から彼らを救う唯一の方法ではなかろうか。

メキシコサンショウウオ保護の取り組み

メキシコ政府は、メキシコサンショウウオを Pr 種（Special Protection 特別保護種）に指定した。その保護活動として、環境復元を行うワークショップや、エコツーリズムなどを展開している。また、病気や遺伝子汚染（→p.107）などの課題があるが、研究用やペットとして世界各国で飼育されているメキシコサンショウウオを、ソチミルコ湖に戻すことも検討されている。

▶野生色のメキシコサンショウウオ（左）と、ペット用に品種改良されたメキシコサンショウウオ（右）

第4章 故郷と自立をめぐる裁判

判例B 原告 フタコブラクダ
Camelus ferus

乾燥地帯で暮らす人々の生活を支えてきたフタコブラクダ。そんな彼らの訴えとは？

CR ★★★★ ★☆☆

- 分類：ほ乳綱 偶蹄目（ウシ目）ラクダ科
- 体長：約300cm
- 棲息地：中国北西部、モンゴル、カザフスタン（絶滅）
- 食べ物：草や木の葉

乾燥に強く、体力もあるため運搬用に利用される。また、毛皮や肉・乳・糞もそれぞれ衣服、食用、燃料などに使われている。家畜化されたフタコブラクダは、140万頭ほどいるが、野生のフタコブラクダは1000頭ほどしかいない。

野生のフタコブラクダのエサをうばい悠々と食事をする家畜のフタコブラクダ

原告の証言

はるか昔から人間たちは、ぼくらを家畜として利用してきた。おかげで家畜としては、ぼくらは繁栄している。でも、野生の、本来あるべき姿のぼくらのなかまは死に絶えようとしている。家畜化されたぼくらと、野生のぼくらでエサのうばいあいが起きているからだ。内部分裂を引き起こした人間たちの責任を問いたい。

第4章　故郷と自立をめぐる裁判

被告の弁明

私たちは、砂漠や乾燥地帯を乗り越える手段として、キミたちに乗るしかなかった。それにキミたちは乳を出すし、肉もおいしい。毛皮も、糞さえも燃料に使える。こんな便利な動物は他にいなかった。使えるキミたちを家畜化するのに夢中で、野生のキミたちには長らく何の配慮もしてこなかった。

家畜ばかり優遇されてきたフタコブラクダ

フタコブラクダは砂地にめり込まないよう、脚の裏の皮膚がクッション状に発達していたり、長期間水を飲まずに活動ができたりと、乾燥地帯に大変適応している。そのため紀元前から、乾燥地帯を乗り越える"砂漠の舟"と称されるほど乗り物として重宝されてきた。自動車が普及した現在でも需要が高く、家畜化されたフタコブラクダは野生の頭数をはるかに上回る。このため、野生の個体は家畜との競合や交雑などにより、数が激減している。

判決 被告（人間）の有罪！

人間は、**ラクダたちの恩恵**をあますところなく受けてきた。もし、**野生のフタコブラクダが絶滅**してしまったら、もしかすると**生態系のバランスがくずれる**かもしれないのじゃ。そうなれば、めぐりめぐって人間社会にも**悪影響**を及ぼすだろう。ラクダへの恩返し、ひいては自然環境の保護に努めるように。

フタコブラクダ保護の取り組み

中国とモンゴルが国をあげて保護に取り組んでいる。特に中国では、フタコブラクダは、中国国家一級重点保護野生動物に指定されている。これはジャイアントパンダと同じ扱いである。近縁種で、同じように家畜化されたヒトコブラクダはすでに野生絶滅（EW）となってしまっている。また、家畜化されたヒトコブラクダが、本来棲息していなかったオーストラリアに持ち込まれ、野生化していることも問題となっている。同じ悲劇を生まないためにも、野生のフタコブラクダの保護と保全が求められる。

▶草を食べる野生のフタコブラクダ

第4章　故郷と自立をめぐる裁判　87

原告
ゴールデンハムスター
Mesocricetus auratus

ペットとして大人気のかわいらしい動物、
ゴールデンハムスター。
しかし、実は幻の動物だった。

VU
★★★☆
☆☆☆

分　類	ほ乳綱 齧歯目(ネズミ目) キヌゲネズミ科
体　長	15〜20cm
棲息地	シリアアラブ共和国、トルコ
食べ物	雑食

現在ゴールデンハムスターは、ペットや実験動物として、世界で数千から数億頭飼われている。これらは、1930年にシリアで捕獲された1匹のメスとその12匹の子どもの子孫が殖え、世界中に広まったものであるとされている。一方で野生の個体は激減している。

**勃発するシリアの内乱
すみかを追われるゴールデンハムスター**

原告の証言

ペットとしての私たちを、人間はとてもかわいがってくれます。でも、**野生の私たちが絶滅しそうだ**ということを知っている人間はほとんどいません。保護にさえ取り組んでいないんです。それに、**開発を進めるばかりか**、最近では**人間同士の争い**も続いています。本当に人間って自分のことしか考えていないんですね。

第4章　故郷と自立をめぐる裁判

被告の弁明

確かにキミたちの数が減ったのは、人間活動のせいかもしれないわ。だけど、戦争やそれに近い争いが起きると、まずそれを解決しないといけないの。キミたちの保護に乗り出したくても乗り出せないのです。

棲息地の縮小と分断

イラストのような都市化や、または農地化などによる棲息環境の悪化で、棲息地が小さくなり、分断されてしまっている。現在、棲息地として知られているのは、たったの10地点以下で、2008年の推定棲息数は2500頭以下である。また、棲息地はちょうどトルコとシリアの国境付近に位置している。

判決 被告（人間）の有罪！

現在、ゴールデンハムスターの本来の棲息地は、人間同士の争いが絶えず、治安がよくない。人間の争いが原因で、関係のない動物たちが被害を受けるのは悲しいことじゃ。そんな中で、保護をするのは困難を極めるかもしれないが、あきらめず道を模索してほしい。

野生のゴールデンハムスターが姿を消す？

ゴールデンハムスターはシリアとトルコにまたがって棲息しており、棲息地の国の情勢が不安定であることが大いに影響して、一切の保護・保全は行われていない。国の情勢がよくなり、棲息数の詳細な調査が行われることを期待するばかりである。また、ペットとしてのゴールデンハムスターはペット化（家畜化）が進み、さまざまな品種が産み出されている。このままいけば、野生に近い姿をしたペットのゴールデンハムスターがいなくなってしまうかもしれない（→ p.96）。

さまざまなゴールデンハムスターの品種

▲野生色　　▲シルバー　　▲アプリコット

第4章 故郷と自立をめぐる裁判　91

類似ケース 野生絶滅と保全により回復した絶滅危惧種

シロオリックス
Oryx dammah

- 分　類：ほ乳綱 偶蹄目（ウシ目）ウシ科
- 体　長：約180cm
- 棲息地：アフリカのサハラ周辺
  （野生個体は絶滅）
- 食べ物：草、果実など

全身黄白色の美しい草食動物。角目的の狩猟や、気候の変化による砂漠化、内乱などの影響で野生の個体は絶滅してしまったと考えられている。しかし、動物園などの飼育下では繁殖に成功し、絶滅をまぬがれている。

シフゾウ
Elaphurus davidianus

- 分　類：ほ乳綱 偶蹄目（ウシ目）シカ科
- 体　長：183～216cm
- 棲息地：中国北部から中央部
  （野生個体は絶滅）
- 食べ物：草、木の葉など

シカ・ウシ・ウマ・ロバのいずれにも似ている部分を持ちながら、いずれでもないため"四不像"の名前がある。3000年ほど前に野生個体は絶滅したと考えられている。中国皇帝の庭園で飼育されていた群れがいたが1900年までに全滅。しかし、イギリスの大地主が、飼育していたシフゾウを、80年代初めに1000頭にまで殖やすことに成功した。

シジュウカラガン
Branta canadensis leucopareia

分類：鳥綱 カモ目 カモ科
全長：56〜68cm
棲息地：アリューシャン列島、アメリカ西部、日本
食べ物：植物を中心に昆虫、甲殻類など

北米に広く分布するカナダガンの中で、最も西に分布する小型の亜種。アリューシャン列島で繁殖し、日本やアメリカ西部で冬を越す。繁殖地に毛皮用のキツネが放たれたため、激減。しかし、キツネ駆除とシジュウカラガンの人工繁殖に成功し、1995年には2万2000羽まで回復した。

カオジロオタテガモ
Oxyura leucocephala

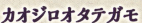

分類：鳥綱 カモ目 カモ科
体長：43〜48cm
棲息地：カザフスタンを中心にスペインまで断片的に分布
食べ物：植物を中心に昆虫、甲殻類など

白い頭に青いくちばしが特徴のカモのなかま。干拓（→p.107）による棲息地の破壊や水質汚染、漁業による混獲や狩猟などにより棲息数は激減。カスピ海では1930年代には5万羽が飛来していたが、1960年代には1000羽まで減少した。しかし、近年ヨーロッパの一部地域では保護が進み、2013年に、ここ50年で個体数が急増したという報告がされている。しかし、まだ絶滅の危機を脱したわけではない。

第4章 故郷と自立をめぐる裁判

> **類似ケース** 野生絶滅と保全により回復した絶滅危惧種

ヨーロッパバイソン
Bison bonasus

- 分　類：ほ乳綱 偶蹄目（ウシ目） ウシ科
- 体　長：約290cm
- 棲息地：ポーランド、ベラルーシ、ウクライナ（いずれも再導入）
- 食べ物：おもに木の葉や樹皮など

シンリンバイソンともよばれ、かつてはヨーロッパ全域の森林に棲息していたが、狩猟や戦争の影響で、1921年までには野生の個体は絶滅してしまった。しかしその後、動物園などに残っていた個体をポーランドに送るなど野生復帰が試みられ、厳重に保護されている。現在も順調に個体数を殖やしている。

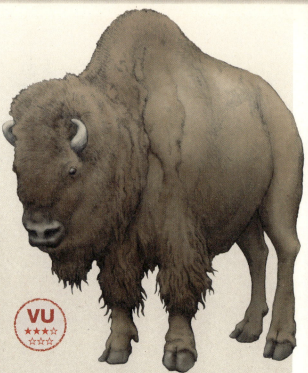

VU ★★★☆☆☆

ブンチョウ
Padda oryzivora

- 分　類：鳥綱 スズメ目 カエデチョウ科
- 全　長：14〜15cm
- 棲息地：インドネシア
- 食べ物：種子を中心とした雑食

VU ★★★☆☆☆

ペットとして非常によく知られているが、インドネシアの固有種である。かつてはインドネシアのあらゆる環境に適応し、繁栄していた。しかし、穀物を食べる害鳥とみなされ、さらにはペット用に乱獲されたため、野生個体は激減。ペットは個体数が多く、輸出先の国々で脱走し外来種として定着してしまっている。

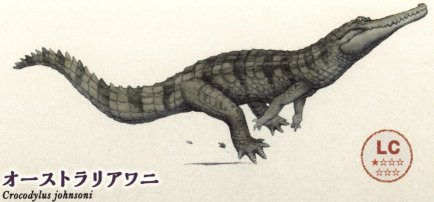

オーストラリアワニ
Crocodylus johnsoni

分　類：は虫綱 ワニ目 クロコダイル科
全　長：200～300cm
棲息地：オーストラリア北部
食べ物：水辺の動物

ワニの中では足が速いことで知られ、短距離であれば体が浮くほどの、信じられない速度で地上を駆け抜ける。水中の泳ぎも、もちろん優れている。革製品にするために乱獲され、1988年まで VU 指定を受けていた。オーストラリア国内での保護もあって、現在は個体数を回復している。

LC
★☆☆☆☆

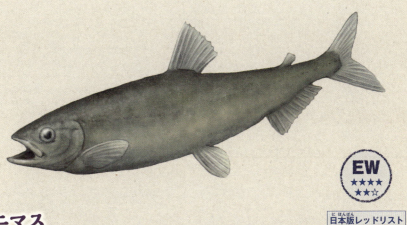

クニマス
Oncorhynchus nerka kawamurae

分　類：条鰭綱 サケ目 サケ科
全　長：30～40cm
棲息地：秋田県の田沢湖（絶滅）、
　　　　山梨県の西湖（移入）
食べ物：不明

1925年に新種として報告された日本固有種のマス。日本で最も深い湖の田沢湖だけに棲息していた。その後、水質汚染で田沢湖のクニマスは絶滅。しかし、1935年にふ化実験のため移入されていた山梨県・西湖で、2010年にクニマスが再発見された。

EW
★★★★☆
日本版レッドリスト

第4章　故郷と自立をめぐる裁判

勝手すぎる？
野生を家畜に、家畜を野生に。

　世界には人間に先祖を絶滅させられ、姿を変えられた動物がいます。それは家畜のウシです。ウシは、新石器時代の人間が、オーロックスという動物を家畜化したものなのです。オーロックスは、人間による乱獲や環境破壊によって1627年に絶滅し、特にヨーロッパでは森の生態系バランスがくずれてしまいました。しかし、近年では、ウシからオーロックスを復元し、森へ帰そうという取り組みが行われています。そして、家畜化されたたくさんのウシの品種から、オーロックスに近い姿をしたもの同士をかけあわせ、オーロックスにとてもよく似たウシをつくることにも成功しているのです。もしかしたら、生態系のバランスは復活するのかもしれません。しかし、その動物はオーロックスではなく、オーロックスによく似たウシだということ、人間の勝手で絶滅させた動物は、二度ともとには戻らないのだということを忘れてはいけません。

▲1627年に絶滅したオーロックス

▲家畜化された現在の牛

エピローグ

　数々の絶滅危惧種と人間をめぐる裁判を傍聴して、無事に家へたどり着いたタダシとヒマワリ。もうすっかり夜になり、おなかもペコペコ。
　家ではお母さんとお父さんが夕食の支度をして待っていた。このおいしそうなにおいの正体は一体…？

どうして野生動物を守らないといけないの？

自然から受ける恵み

　私たち人間は、生きるために他の生物を利用しています。食事や服、家、薬なども生物からつくられたものがたくさんあります。空気も植物があるおかげできれいに保たれます。私たちの暮らしは他の生物たちによって支えられているのです。また、自然や動物を見たり育てたりして心が癒されたり、創作活動のヒントになることもあります。このように人間が自然から受けるさまざまな恩恵のことを「生態系サービス」といいます。

人間の暮らし
私たちの衣食住の満ち足りた幸せな暮らしは、多様な生態系サービスに支えられています。

支え

生態系サービス

供給サービス
食糧、繊維、燃料などの自然から受ける直接利益。

調整サービス
大気、気候、水、土壌、花粉媒介などの調整をする生態系のはたらき。

文化的サービス
レクリエーション、インスピレーションなど、自然から受ける精神的な充足。

支え

基盤サービス
3つのサービスを産み出す生物たちの営みを支える一次生産（光合成など）や生物間の関係。

命はみんなつながっている

では、生態系サービスに関係している生物だけ守ればいいのでしょうか？ 答えは、NOです。ゾウやオオカミでも紹介しましたが（→ p.12~19）、生物はみんなつながっているのです。一見、私たちに関係のない生物でも、いなくなってしまうと私たちが受けられる生態系サービスが減ってしまうことがあります。いろんな生物が複雑に関係しあっていることを、生物多様性とよびます。生物多様性が劣化すると、生態系サービスも劣化します。だから、私たちは1種でも動物を絶滅から救おうとしているのです。

私たちは生態系エンジニア

植物は酸素をつくり、地球の大気環境を変えました。シロアリやミミズも、動植物の遺体から土をつくり出します。このように、新しい地球環境をつくり出し、他の生物に大きな影響を与える生物を生態系エンジニアとよんでいます。

私たち、人間も生態系エンジニアです。人間がつくった環境の中には、里山など自然と調和が取れている例もありますが、都市環境などそうでないものもたくさんあります。しかし、最近では人間環境によって分断された自然環境を「緑の回廊」でつなげたり、自然と人間の間に里山をはさんだりすることで、生物多様性を守ろうという試みがあります。これもまた生態系エンジニアだからこそできることなのです。

▶「緑の回廊」の概念図

103

私たちにできること

身の回りの生物との関わりを知ろう

　今日1日、何種類の生物をどのくらいの量食べましたか？　服や、身の回りのもので生物からできているものはどのくらいありますか？　結構な数のものが生物から出来ていることが分かると思います。薬だって、成分の多くが生物由来です。プラスチックだって石油、つまり大昔の動物の死骸からつくられています。私たちは、食べること以外でも多くの生物の命をいただいて生きているのです。それ自体は悪いことではありません。そのことをきちんと知って、感謝することが大切なのです。

❶ **プラスチック容器**　ペットボトルや食品トレー、ビニール袋などの製品は、石油から出来ています。
❷ **洋服**　動物からできた洋服はたくさんあります。絹は蚕のマユから、ウールはヒツジの毛から、つくられています。
❸ **食事**　ハンバーグやエビフライ、おいしい食事もすべて生物が関わっています。
❹ **薬**　薬の成分は、おもに動植物から抽出したものです。
❺ **羽毛ふとん**　羽毛ふとんには、アヒルやガチョウの毛が使われています。
❻ **その他**　イラストの中に生物からつくられたものはもうないかな？　イスは？　考えてみよう。

できることから始めよう

多くの生物を、これから先も利用してゆくには何が必要でしょうか？ まずはできることから始めましょう。例えば、日本には季節があり、食べ物には旬があります。旬とはその生物が栄養たっぷりで、たくさんいる時期です。それを選んで食べるだけでも、動物の保全につながります。その生物があまりいない時期にたくさん穫ると絶滅してしまうかもしれないからです。そして、前にも述べましたが、生物はみんなつながっています。だから、私たちひとりひとりの行動は小さくても、旬の魚を食べることが、めぐりめぐってウナギや、もしかするとトラの保全にだってつながるかもしれないのです。

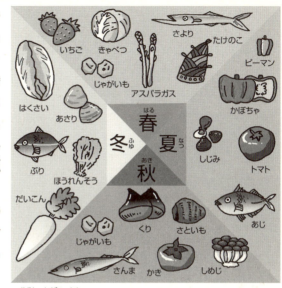

▲日本の食材の旬

考えたことを話してみよう

一番、大切なことは自分が行ったことや感じたことをいろんな人と話すことです。自分のやっていることは、野生生物の保全につながってはいるけど、ある人にとっては迷惑かもしれません。きっと、利害が一致することは少ないでしょう。オランウータンのために農園をやめたら失業者が出るように（→ p.28）、外来種問題のために海外渡航をやめられないように（→ p.44~60）、トラが減っている一方でトラに殺される人間だっているように（→ p.64）、答えを出すのは難しいのです。ハムスターの棲息地なんて人間が戦争中です。人間は国や会社、個人などさまざまなレベルで考え方や価値観が違うので、それを統一することはできないのかもしれません。しかし、人間には違いを知って考え、未来を予測する力があります。その能力を使えば、野生動物を本当の意味で絶滅から救えるかもしれません。

みんなはどんなことを考えた？家族や周りの人と話をしてみよう。

105

絶滅危惧種にまつわる用語集

個体
動物の1匹、植物の1本など、生命体としてそれ以上分けられない、ひとまとまりの単位のこと。

生態系
ある一定の区域に棲む生物同士の、生物と環境との間に生まれるさまざまな現象・システムのこと。

種
生物を分類（グループ分け）するときに、最も基本となる単位。

亜種
同じ種の生物の中で、地域によって色や形に違いがみられる場合の、生物学上の分類。

近縁種
別の種ではあるが、親戚のような近い関係のある生物のこと。

在来種
人間の影響を受ける前から、ある地域で長い間繁栄してきた生物のこと。

固有種
在来種の中で、その国や地域にしか棲息しない生物。

外来種
もともとその地域にいなかったが、人間によって他の地域から持ち込まれた生物のこと。

侵略的外来種
外来種の中で、在来の生物や生態系への悪影響が特に大きい生物を指す。

害獣（害鳥）
人間に害をもたらすほ乳類のこと。鳥類の場合は害鳥という。対義語は益獣（益鳥）。

食害
ある動物がエサを食い荒らすことで、人間や他の生物に害を与えること。

交雑
異なる種や異なる亜種の生物同士が、かけあわさって雑種をつくること。

106

純血
同じ種同士のメスとオスから生まれた、純粋な血統のもの。

混血
異なる種同士のメスとオスの交配から生まれたもの。

遺伝子汚染
ある地域の野生生物独自の遺伝子が他の地域の同種または近縁種と交雑することで、失われてしまうこと。

品種改良
生物や農作物などの遺伝子を交雑などの方法で改良し、人間に役立つ新しい品種をつくり出すこと。

乱獲
野生動物や植物などを、無計画に人間が大量捕獲する行為。

密猟
国際的な法を無視して、陸上の生物を密かに捕獲すること。

保全
人間のために自然を守り、人が介入しながら自然を管理すること。

保護
自然のために自然を守り、人の手を加えないようにすること。

生存競争
生物が子孫を残すために、よりよく環境に適応しようとして、生物どうしで競争すること。

地球温暖化
温室効果ガスという気体の増加によって、地球の平均気温が長期的に上昇する現象。

生きている化石
大昔の姿のまま、現代に生きる生物の呼び名。

スポーツハンティング
娯楽のスポーツとして行われる、狩猟行為。

干拓
水深の浅い海や湖沼を仕切り、水を抜き取るなどして陸地にすること。おもに農地として開拓する時に使う。

動物名 さくいん

ア

アジアゾウ･････････････････10, 12

アビシニアジャッカル･･･････10, 77

アフリカゾウ･････････････････12

アメリカウナギ･･･････････････75

イボイモリ････････････････11, 38

ウォンバット････････････････50

オオアリクイ･･････････････11, 39

オオカミ
　　11, 16, 17, 18, 19, 48, 103

オオサンショウウオ････････････59

オーストラリアワニ･･････････10, 95

オーロックス･････････････････96

オコジョ･････････････････････58

オサガメ････････11, 30, 31, 32, 33

カ

カオジロオタテガモ･･････････10, 93

カスピトラ･･････････････････62

カモノハシガエル･･･････････9, 60

ガラパゴスゾウガメ･･････････11, 77

カンガルー･･････････････50, 51, 57

キーウィ････････････････････11, 58

キタシロサイ･･････････10, 66, 67, 68, 69

ギュンタームカシトカゲ･････････10, 56

キングコブラ･･････････10, 70, 71, 72, 73

グアムクイナ･･････････10, 44, 45, 46, 47

クニマス････････････････････11, 95

コウノトリ･･････････････････11, 40

ゴールデンハムスター
　　　　　　　10, 88, 89, 90, 91

コブクビスッポン･･････10, 52, 53, 54, 55

コモドオオトカゲ････････････10, 39

108

シジュウカラガン……………11, **93**

シフゾウ……………………10, **92**

ジャイアントパンダ………10, **38**, 87

ジャワトラ………………………62

ジュゴン……………………10, **76**

シロオリックス……………10, **92**

シロナガスクジラ…………11, **76**

ステラーカイギュウ………………**8**

ゾウ……10, **12**, **13**, **14**, **15**, 17, 103

タ

タスマニアデビル………10, 50, **57**

チュウゴクオオサンショウウオ……
　　　　　　　　　　　　10, **59**

チンチラ……………………11, **74**

ティラピア………………………82

ディンゴ……10, **48**, 49, 50, 51, 57

トラ………10, **62**, 63, 64, 65, 105

ニッポンバラタナゴ………11, **56**

ニホンウナギ…………11, **75**, 99

ニホンカワウソ…………………**9**

ハ

ハイイログマ……………………40

ハクバサンショウウオ……11, **41**

ハヤブサ…………………………42

バリトラ…………………………62

ヒクイドリ…………………10, **58**

ヒトコブラクダ…………………87

ピンタゾウガメ……………69, 77

フクロオオカミ…………………50

フタコブラクダ…………………
　　　　　　　10, **84**, 85, 86, 87

ブンチョウ…………………10, **94**

109

動物名さくいん

ホッキョクグマ ―――――――― 11, **40**

ボルネオオランウータン ――――
　　　　　10, **26**, 27, 28, 29

マ

マルミミゾウ ――――――――― 12

マングース ―――――――――― 57

ミナミオオガシラ ―― 44, 45, 46, 47

ミナミシロサイ ―――――――― 66

メキシコサンショウウオ ――――――
　　　　　11, **80**, 81, 82, 83

ヤ

ヤンバルクイナ ――――――― 11, **57**

ヤンバルテナガコガネ ―――― 11, **41**

ヨウスコウカワイルカ ――――――――
　　　　　10, **34**, 35, 36, 37

ヨーロッパウナギ ―――――――― 75

ヨーロッパバイソン ――――― 10, **94**

ラ

ライオン ――――――― 10, 62, **74**

ラッコ ――――――――――― 11, **75**

リョコウバト ――――――――――― **9**

ワ

ワニガメ ―――――――――― 11, **59**

ワラビー ――――――――――― 50

動物の分類
　原則として、The IUCN Red List of Threatened Species に従って分類していますが、系統分類学上の課題を考慮して例外もあります。特にほ乳類については、Wilson & Reeder's Mammal Species of the World に従って、異節目は被甲目と有毛目に、鯨偶蹄目は鯨目と偶蹄目に分割して扱っています。

あとがき

　実は、現実にアマミノクロウサギをふくむ4種の野生動物が原告になった「奄美自然の権利訴訟」（アマミノクロウサギ訴訟）が、1995年、鹿児島地方裁判所でありました。本書も、動物たちが人間を訴えるという内容になっています。だけども、動物たちが人間に対してどんな思いを抱いているかは、誰にも分かりません。だから、この本の動物のセリフは、科学データを参考に想像したものです。そして神様のセリフは私の想いです。

　私はデータを集めながら、なぜ人間は頼まれてもいないのに動物たちを守るのだろうと改めて考えるようになっていました。かわいそうだから？　苦しそうだから？　いいえ、結局は人間のためなのです。動物たちが絶滅し、自然のバランスが崩壊すれば、自然の一部である人間も生きてゆけないからです。絶滅しそうな動物を見て、「かわいそうだな」「助けてあげたいな」と思うことは人間らしい自然な感情です。その感情を大切にしながら、あくまでも人間のために守っているということを忘れてはいけないと思います。自然のバランスを守ることは、減りすぎた動物を増やすだけでなく、ときに増えすぎた動物を減らすことも必要になってくるからです。今回、そのことに気づきました。でも、私は神様じゃありません。だから、神様のセリフが正解とはかぎらないので、みなさん自身でも自然のバランスについて考えてみてください。

　最後に、編集でお世話になった南佳奈江さんと、部屋を文献で埋めてしまった私を支えてくれた妻の陽子に感謝申し上げます。

大渕　希郷

著者	大渕 希郷（おおぶち まさと）
編集協力・デザイン	ジーグレイプ株式会社
イラスト	川崎悟司　栗田宗一　下田麻美
漫画	手丸かのこ
装丁	柿沼 みさと
写真提供（順不同）	Forest Stewardship Council (FSC)、Roundtable on Sustainable Palm Oil (RSPO)、グアム政府観光局、認定NPO法人トラ・ゾウ保護基金、Rescue Huayyot Trang、ペットの専門店コジマ、時事通信社、フォトライブラリー、ピクスタ
おもな参考文献	『両生類の進化』松井正文（東京大学出版、1996年）／『生態学入門』日本生態学会編（東京化学同人、2004年）／『絶滅古生物学』平野弘道（岩波書店、2006年）／『Yellowstone Wolf Project Annual Report 2009』Douglas Smith他（National Park Service Yellowstone Center for Resources Yellowstone National Park、2009）／『クワガタムシが語る生物多様性』五箇公一（集英社、2010年）／『生物を守る理由 生態系サービスとは』山野井貴浩（文一総合出版、2010年Rika Tan 10月号）／『生きた化石がくぐり抜けてきた世界』保坂彰彦（文一総合出版、2010年Rika Tan 10月号）／『生物多様性とトラとゾウを守ること』戸川久美（文一総合出版、2010年Rika Tan 10月号）／『動物園学』村田浩一・楠田哲士（文永堂出版、2011年）／『改訂版 新世界絶滅危機動物図鑑 全6巻』今泉忠明・小宮輝之・大渕希郷（学研教育出版、2012年）／『生物多様性保全の経済学』大沼あゆみ（有斐閣、2014年）／『生態学と社会科学の接点』佐竹暁子・巌佐庸（共立出版、2014年）／『ウーパールーパーと仲良くなれる本』藤谷武史・大渕希郷（エムピージェー、2014年）
おもな参考サイト	IUCN日本委員会（http://www.iucn.jp/）／The IUCN Red List of Threatened Species（http://www.iucnredlist.org/）／Wilson & Reeder's Mammal Species of the World（http://vertebrates.si.edu/msw/mswCFApp/msw/index.cfm）／国立環境研究所 侵入生物データベース（http://www.nies.go.jp/biodiversity/invasive/）
資料協力	WWFジャパン（公益財団法人 世界自然保護基金ジャパン） 　WWFは、100カ国以上で活動している地球環境保全団体です。1961年にスイスで設立されました。人と自然が調和して生きられる未来を築くことをめざして、地球上の生物多様性を守ることと、人の暮らしが自然環境や野生生物に与えている負荷を小さくすることを柱に活動を展開しています。ぜひWWFをご支援ください。 　TEL：03-3769-1241（会員係：受付は平日10:00〜17:30）　WEB：https://www.wwf.or.jp

「もしも？」の図鑑

絶滅危惧種 救出裁判ファイル

2015 年 5 月 25 日　初版第1刷発行
2018 年 3 月 9 日　初版第2刷発行

著　者	大渕 希郷
発行者	岩野 裕一
発行所	株式会社実業之日本社
	〒 153-0044 東京都目黒区大橋 1-5-1　クロスエアタワー 8 階
	【編集部】03-6809-0452　【販売部】03-6809-0495
	実業之日本社のホームページ　http://www.j-n.co.jp/
印刷・製本	大日本印刷株式会社

©Masato Ohbuchi 2015　Printed in Japan（第一児童）ISBN978-4-408-45554-9
落丁・乱丁の場合はお取り替えいたします。

本書の一部あるいは全部を無断で複写・複製（コピー、スキャン、デジタル化等）・転載することは、法律で定められた場合を除き、禁じられています。また、購入者以外の第三者による本書のいかなる電子複製も一切認められておりません。
落丁・乱丁（ページ順序の間違いや抜け落ち）の場合は、ご面倒でも購入された書店名を明記して、小社販売部あてにお送りください。送料小社負担でお取り替えいたします。ただし、古書店等で購入したものについてはお取り替えできません。
定価はカバーに表示してあります。小社のプライバシーポリシー（個人情報の取り扱い）は上記ホームページをご覧ください。